Schafe, Land & Leute

Von den Alpen bis an die Ostsee

FRIEDRICH HAUBNER

Schafe, Land & Leute

VON DEN ALPEN BIS AN DIE OSTSEE

edition limosa

Inhalt

Vorwort
Schafe, Land & Leute 6
Schafe im Schatten des Watzmanns 9
Das Berchtesgadener Land 14
Heimat unserer Bergschafe 17
Rezept: Lammkeule im Kräutersenfmantel 19
Lämmer – niedlich und verspielt 20
Schafe auf den Höhen der Schwäbischen Alb 23
Die Schwäbische Alb 28
Merinos auf der Schwäbischen Alb 30
Rezept: Schwäbische Lammkoteletts 31
Leidenschaft 34
Schafe am Ufer der Altmühl 37
Das Altmühltal 42
Schafrassen im Altmühltal 45
Rezept: Lamm-Gyros 47
Auch Hunde haben ihr Wesen 48
Schafe in der Fränkischen Schweiz 50
Die Fränkische Schweiz 58
Schafe der Fränkischen Schweiz 61
Rezept: Lammbrust im blauen Sud 62
Wie viele Schafe hat Ihre Herde? 64
Schafe auf den Hängen der Rhön 67
Die Hohe Rhön 72
Die Heimat der Rhönschafe 75
Rezept: Rhöner Hirtenpfanne 77
Schwacher Orientierungssinn 78
Heidschnucken in der Lüneburger Heide 80
Die Lüneburger Heide 86
Schnucken – die Schafe der Heide 89
Rezept: Heidschnuckenbraten 91
Einsamkeit, Wissen & Erfahrung 92
Deichschafe am Ufer der Ostsee 95
Die Insel Fehmarn 100
Schafe der Küstenregion 103
Rezept: Ragout vom Deichlamm 105
Highlight der Weltliteratur 106
Autor, Impressum 111
Dank, Literatur- und Quellenangaben 112

Schafe, Land & Leute

Das Leben auf dem Land liegt im Trend. Immer mehr Menschen suchen einen ruhigen Ort, an dem sie sich vom hektischen Alltag erholen können. Es tut einfach gut, Zeit draußen im Grünen zu verbringen und sich mit Tieren und Pflanzen zu beschäftigen.

Der Bildband lädt Sie zu einer Bilderreise durch sieben besondere Regionen Deutschlands ein. Die ersten Etappen der Reise führen von den schneebedeckten Gipfeln der Berchtesgadener Alpen über die Höhen der Schwäbischen Alb in das romantische Altmühltal. Die felsumrahmten Täler und Hänge der Fränkischen Schweiz und die kahlen Höhen der Rhön sind die nächsten Ziele. Die letzten Stationen der Bilderreise sind die blühende Lüneburger Heide und die sturmumtoste Ostseeküste der Insel Fehmarn.

Die kurzen Texte und ungewöhnlichen Fotos zeigen die Besonderheiten und touristischen Reize dieser unterschiedlichen Landschaften. Dabei erfahren Sie auch vom Reichtum der Fauna und Flora.

Doch der Blick des Buches gilt nicht nur den Sehenswürdigkeiten und der Natur, sondern auch den Schafen, die dort zuhause sind. Die natürlichen und klimatischen Gegebenheiten erfordern verschiedene Formen der Schafzucht. Die unterschiedlichen an die Gegend angepassten Schafrassen werden dem Leser vorgestellt.

Das Buch nimmt Sie auch mit auf eine kulinarische Reise. Leckere Lamm-Rezepte aus den sieben Regionen animieren zum Ausprobieren und Nachkochen.

Am Ende der einzelnen Kapitel finden Sie Beiträge, die Interessantes und Wissenswertes über das Leben mit Schafen erzählen.

Friedrich Haubner

A. Schrad
1825
146
30

Blick von der Kneifelspitze auf Berchtesgaden und den Watzmann

Schafe im Schatten des Watzmanns

»Herr, wen du lieb hast, den lässt du fallen in dieses Land.«[1] Mit diesen überschwänglichen Worten hat der Heimatdichter Ludwig Ganghofer (1855 – 1920) die einmalige Schönheit des Berchtesgadener Landes gerühmt. Wahrlich ein Juwel der Alpen ist dieser keilförmig nach Österreich hineinragende südöstliche Zipfel Deutschlands.

Sankt Bartholomä

Sennerin

Bindalm mit den Mühlsturzhörnern

Ramsauer Pfarrkirche St. Sebastian mit der Reiteralpe

Weiße Bergschafe

BILDERBUCHLANDSCHAFT IM SÜDOSTEN DEUTSCHLANDS

Das Berchtesgadener Land

Hier trifft man auf schönste Berglandschaften, steile Berghänge, klare Bergseen und grüne Almen mit glücklichen Kühen und Schafen. Der Nationalpark Berchtesgaden ist eine Landschaft wie aus dem Bilderbuch. Auf einer Fläche von 210 Quadratkilometern präsentiert sich im Nationalpark Berchtesgaden eine natürliche Bergwelt, die dauerhaft unter Schutz gestellt ist. Der stark zunehmende Tourismus machte im Jahre 1978 die Gründung des Nationalparks für das Gebiet um die Gemeinden Ramsau und Schönau dringend notwendig. Da sich im Nationalpark fast alle Vegetationszonen finden, ist die Fauna und Flora besonders artenreich. Hier gedeihen die typischen Blumen des nordalpinen Gebirgsraumes: Edelweiß, Enzianarten und Alpenrosen. Der natürliche Bergwald setzt sich aus Bergahorn, Buche, Tanne und Fichte zusammen. In den Gipfelregionen klettern Gämsen und Steinböcke, in den Matten leben Murmeltiere, Schneehasen und Birkhühner. Hoch oben auf den Steilwänden brütet der Steinadler.

König Watzmann und der Königssee
Mit 2.714 Metern ist der Watzmann der zweithöchste Berg Deutschlands. Der sagenumwobene Berg ist dank seiner markanten Silhouette, seiner berüchtigten Ostwand und nicht zuletzt wegen seiner Lage direkt am Königssee das Wahrzeichen des Berchtesgadener Landes. Für Bergsteiger stellt die steile Ostwand auch heute noch eine große Herausforderung dar.

Wie ein blau schillernder Edelstein liegt der Königssee inmitten des Nationalparks. Fast senkrecht fallen die Steilhänge zum See hin ab. Der 8 Kilometer lange, 1.300 Meter breite und 190 Meter tiefe Königssee wirkt auf Touristen wie ein Magnet. Sankt Bartholomä, das Wahrzeichen des Königssees, ist nur mit dem Schiff zu erreichen. Hunderttausende nutzen jährlich die Elektroboote für eine Überfahrt. Sankt Bartholomä, dieses paradiesische Fleckchen Erde, hat schon immer Besucher, aber auch Maler und Fotografen angelockt.

Urige Almen

Wo immer der Wanderer auf dem circa 230 Kilometer langen Wanderwegenetz der Berchtesgadener Alpen unterwegs ist, stößt er auf Almen. Viele der urigen Almhütten sind bewirtschaftet und bieten Brotzeiten, frische Milch und Käse an. In ihrer traditionellen Form existiert die Almwirtschaft seit hunderten von Jahren. Während die landwirtschaftlichen Flächen im Tal hauptsächlich der Gewinnung von Winterfutter dienten, wurden Rinder, Schafe und Ziegen im Frühsommer auf die Almen getrieben. Die Almbewirtschaftung diente früher ausschließlich bäuerlichen Zielen, heute kommt die Landschaftspflege hinzu. Ohne die Beweidung würden die Almen verwildern und nach und nach zuwachsen.

Im September findet der traditionelle Almabtrieb statt. Wenn in der Familie des Bauern kein Familienmitglied gestorben ist und das Vieh auf der Alm gesund geblieben ist, werden die Kühe und Kälber zum Almabtrieb festlich geschmückt ins Tal getrieben. Dies ist ein besonderes Erlebnis für Einheimische und Touristen.

Idyllisches Ramsau

Der Abfluss des Hintersees vereinigt sich mit dem Klausbach zur Ramsauer Ache, die in östlicher Richtung durch das Ramsauer Tal nach Berchtesgaden fließt.

Türkenbund

Alpenrose

Alpenanemone

Die Pfarrkirche Sankt Sebastian mit der Reiter Alpe im Hintergrund, ist wohl eines der am meisten fotografierten Motive Deutschlands. Rund um die Uhr und bei fast jedem Wetter trifft man Besucher, die Fotos von der idyllischen Kirche machen. In zahllosen Gemälden wurde das Motiv »verewigt«. Der Hintersee ist Ausgangspunkt für viele Wanderungen und Bergtouren zum Hochkalter, der Reiter Alpe sowie ins Klausbachtal.

Schafhaltung im Berchtesgadener Land
Seit 1993 sank die Zahl der schafhaltenden Betriebe im Berchtesgadener Land von 91 auf 69. Diese 69 Schafhalter halten lediglich 713 Mutterschafe (Stand 2010)[2]. Dies zeigt, dass es keine großen Herden gibt, sondern kleine Herden, oft nur drei oder vier Schafe, welche Bauern, neben Kühen und Pferden, in hofnahen Koppeln halten. Früher wurden die Schafe im Mai auf die Almen getrieben. Mehrmals in der Woche musste der Hirte nach den Tieren schauen und für Salzlecksteine sorgen. Um Verluste durch extreme Witterung und den Steinadler vorzubeugen, durften Mutterschafe nicht während der Alpzeit lammen. Ursprünglich gab es in Berchtesgaden keine reinen Schafalmen, die Schafe wurden zusammen mit Rindern auf die Alm getrieben. Schafweidegebiete gab es im Wimbachtal, am Kahlersberg und am Grünsee. Während die Schafe den Sommer auf der Alm verbrachten, hatte der Bauer Zeit für die Heuernte im Tal.

Der Abtrieb im Herbst zur Schur erfolgte meist Mitte September. Gehörten die Schafe mehreren Besitzern, wurden die gekennzeichneten Schafe von ihren Haltern bei einer Schafscheid in Empfang genommen. Rechtzeitig bevor der erste Schnee fiel, waren die Schafe wieder im Stall.

Weißes Bergschaf

Braunes Bergschaf

Alpines Steinschaf

Heimat unserer Bergschafe

• Das Weiße Bergschaf

Das Weiße Bergschaf ist die häufigste Schafrasse im Berchtesgadener Land, den Alpen und dem Alpenvorland. Die Entwicklung der Rasse wird auf verschiedene alte Landschafrassen des Alpenraumes zurückgeführt, wobei das Zaupel- und Bergamaskerschaf einen wesentlichen Einfluss hatten. Das mittelgroße bis große weiße Schaf mit langer Wolle ist genügsam, steig- und trittsicher. Die lange Wolle bietet den Schafen einen guten Wärme- und Nässeschutz. Diese Eigenschaften machen das Bergschaf für die Landschaftspflege im rauen Hochgebirge besonders geeignet. Die robuste Rasse eignet sich aber auch bestens für die Koppelhaltung in kleinen Herden.

• Das Braune und Schwarze Bergschaf

Braune und Schwarze Bergschafe gehören zu den gefährdeten Schafrassen. Die Rasse geht wie alle anderen Bergschafrassen auf das in Bayern und Tirol beheimatete Steinschaf zurück, in das zu Beginn des 20. Jahrhunderts Bergamaskerschafe eingekreuzt wurden. Braune und Schwarze Bergschafe besitzen die typischen Eigenschaften der Weißen Bergschafrasse. Als Landschaf weist es im Gegensatz zu Fleischschafrassen ein wesentlich langsameres Wachstum auf. Aufgrund der besonders kräuterreichen Bergwiesen hat das magere Fleisch der Bergschafe eine hohe Fleischqualität.

Bergschafe sind für die Landschaftspflege in den niederschlagsreichen Regionen der

Alpen und des Voralpenlandes optimal geeignet.

• **Das Alpine Steinschaf**

Das Alpine Steinschaf ist eine der ältesten noch vorhandenen bayerischen Schafrassen. Wie das Waldschaf stammt es direkt vom Zaupelschaf ab. Das Alpine Steinschaf gilt als die historische Ausgangsrasse der bayerischen Schafzucht. Während das Steinschaf früher im ganzen Ostalpenraum verbreitet war, gehört die Rasse heute zu den am stärksten vom Aussterben bedrohten Schafrassen Deutschlands.

Die kleinen bis mittelgroßen Schafe sind feingliedrig und haben sehr harte Klauen. Steinschafe sind ausgezeichnete Kletterer. Da sie in den Sommermonaten in den Bergen häufig sich selbst überlassen sind, haben sie eine gesunde Vorsicht und Scheu, um den natürlichen Feinden wie Steinadler und Fuchs zu entgehen. Es kommen ganz unterschiedliche Wollfarben und Farbzeichnungen vor, vor allem auch graue Wolle. Die Böcke tragen häufig schneckenartige Hörner. Als besondere Leistung gilt die Anpassung an das raue Klima im Hochgebirge. Steinschafe nutzen steile Hochlagen, die für Rinder nicht mehr zugänglich sind.

Lammkeule im Kräutersenfmantel

Rezept von Anneliese Zeininger, Königssee

Zutaten (für 4 Personen):
1 Berglammkeule
Salz, Pfeffer, 3 Knoblauchzehen
jeweils 1 TL Rosmarin, Oregano, Thymian
4 Blätter Salbei, 1 kleiner Zweig Liebstöckel
geriebene Schale einer ungespritzten Zitrone
5 EL Senf, 1 Zwiebel, 2 Möhren
1 kleine Stange Porree
½ kleine Sellerieknolle mit etwas Grün
2 EL Tomatenmark, 250 ml Weißwein
Öl zum Braten, Olivenöl, Speisestärke

Zubereitung:

1. Lammkeule waschen und trockentupfen, mit Salz und Pfeffer gut einreiben.

2. Für die Marinade den Knoblauch pressen, die Kräuter sehr fein hacken und mit der Zitronenschale, dem Senf und 1 EL Olivenöl gut vermischen. Die Lammkeule damit gleichmäßig bestreichen und 12 Stunden im Kühlschrank marinieren lassen.

3. Die Keule in Öl scharf anbraten und im vorgeheizten Backofen bei 180°C etwa 20 Minuten garen lassen. Das in Stücke geschnittene Wurzelgemüse, die gewürfelte Zwiebel und das Tomatenmark hinzugeben und mit 1 l Wasser und 250 ml Weißwein aufgießen und etwa 2 Stunden schmoren lassen.

4. Bratenfond durch ein Sieb gießen und auf die Hälfte im Topf einkochen lassen. Evtl. 1 TL Speisestärke in Wasser anrühren und die Soße damit binden. Mit Salz und Pfeffer abschmecken.

5. Fleisch vom Knochen lösen und in Scheiben schneiden. Auf einer Platte mit etwas Soße und dem Wurzelgemüse anrichten.

Beilagen:
Kartoffelknödel und Butterbohnen

Lämmer – niedlich und verspielt

Die niedlichen weißen Lämmer auf ihren staksigen Beinen und mit den großen dunklen Augen – ein Zauber, dem man sich nur schwer entziehen kann. Es ist immer wieder beeindruckend, wie frisch geborene Lämmer draußen auf der Weide sofort mobil sind. Noch feucht und verschmiert von der Geburt, laufen sie schon auf wackeligen Beinen hinter ihrer Mutter her und suchen nach der Milchquelle. Da sind wir Menschen im Vergleich doch sehr verletzlich. Wir sind viel stärker auf die Pflege und Fürsorge der Mutter angewiesen. Bis ein Kind laufen lernt, vergehen mindestens zwölf Monate.
In vielen Herden werden die Lämmer in den Monaten Januar und Februar geboren. Es geht dann immer recht schnell und der Schafstall ist voller Lämmer. Die Mutterschafe werden mit ihren Lämmern nach einigen Tagen in der Nähe des Stalls in einem separaten Gatter gehalten. Es ist ein besonderes Erlebnis, das muntere Treiben der Lämmer zu beobachten. Manchmal habe ich den Eindruck, dass die jungen Schafe einen Wettlauf veranstalten. Oder sie springen aus Übermut einfach mal in die Höhe. Es kommt auch vor, dass ein Lamm beim Spielen seine Mutter verloren hat. Das Lamm blökt dann einfach und die Mutter blökt zurück – und schon haben sich beide wieder gefunden. Die Freude darüber, die Mutter gefunden zu haben, wird dann gleich mit einem Schluck Muttermilch gefeiert.

Blick von Burg Hohengundelfingen ins Große Lautertal

Schafe auf den Höhen der Schwäbischen Alb

Die Schwäbische Alb, früher auch Schwabenalb genannt, ist ein knapp 200 Kilometer langes Mittelgebirge in Süddeutschland: Es liegt größtenteils in Baden-Württemberg, reicht aber mit seinen nordöstlichen Ausläufern auch nach Bayern.

Schloss Hohenzollern

Schloss Lichtenstein

Marktplatz mit Rathaus von Bad Urach

HOCHEBENE MIT VIELFÄLTIGEN LANDSCHAFTSFORMEN

Die Schwäbische Alb

Die Alb ist eine durch Erosionseinflüsse zerteilte Hochebene, die nach Nordwesten durch einen markanten Steilabfall begrenzt wird, nach Südosten hingegen sanft ausläuft und ins obere Donautal und ins Alpenvorland übergeht.
Seit 2009 ist die Schwäbische Alb UNESCO-Biosphärenreservat. Die vielfältigen Landschaftsformen sind das unverwechselbare Markenzeichen der Alb: obstreiche Täler mit freundlichen Dörfern, mächtige Höhen mit schroffen Felsen, bizarre Burgruinen und die herbe Schönheit der Bergwiesen und Wacholderheiden. Nirgendwo sonst in Baden-Württemberg gibt es eine solche Vielzahl an Lebensräumen, seltenen Tieren und Pflanzen. Die mageren und kalkhaltigen Böden sind ein idealer Lebensraum für eine Vielzahl von Orchideenarten.

Imposante Burgen und Schlösser
Der Wanderer stößt auf zahlreiche Burgen, Schlösser und Ruinen am Albrand und entlang der Täler der Albhochfläche. Das Märchenschloss Lichtenstein bei Honau und die Burg Hohenzollern zwischen Hechingen und Balingen gehören zu den bekanntesten Schlössern der Alb. Die vielen Burgen im Großen Lautertal lassen die große Geschichte der Schwäbischen Alb erahnen. Hoher und niederer Adel, freie Reichsstädte und Klöster teilten sich die Territorien. In dieser Kleinstaaterei demonstrierten die Herrscher ihre Macht durch den Bau trutziger Burgen.
Die vielen Höhlen der Alb verdanken ihre Entstehung dem Wasser. Zu den meistbesuchten gehören die Bärenhöhle und die Nebelhöhle nahe Schloss Lichtenstein.

Die Schäferei in der Schwäbischen Alb
Die kargen Hochflächen mit den rauen klimatischen Bedingungen schränken die landwirtschaftlichen Möglichkeiten auf der Alb stark ein. Flächen, die für die landwirtschaftliche Nutzung von geringem Wert sind, eignen sich für die Beweidung mit Schafen. Ohne Schafe ist die Schwäbische Alb nicht denkbar. Nur das regelmäßige

»Abhüten« der Heiden hält den Unterwuchs niedrig und sorgt dafür, dass die Wacholderheiden nicht verbuschen. Die Schäfer sind somit wichtige Partner eines modernen Arten- und Biotopschutzes. Neben dem selektierenden Verbiss spielt auch der Tritt der Schafe eine wichtige Rolle und führt an den Hängen zu einer Verfestigung der Grasnarbe.

Außerdem leistet die Hütehaltung einen wichtigen Beitrag zum Artenaustausch zwischen den Weideflächen. Über das Fell, die Klauen und den Verdauungstrakt der Schafe findet für Pflanzen ein überlebenswichtiger »Transport« statt. Auf der Schwäbischen Alb sind heute etwa 100.000 Schafe zuhause. Der ehemalige Truppenübungsplatz Münsingen ist mit 6.500 Hektar das größte Schafweidegebiet Deutschlands. Im Sommer weiden dort etwa 30.000 Schafe. Das raue Klima der Alb (die jährliche Durchschnittstemperatur auf der Alb beträgt nur sieben Grad Celsius) macht eine Winterweide erforderlich. Anfang Oktober ziehen die Wanderschäfer an den Bodensee oder ins Oberrheintal und kehren erst wieder im April bis Anfang Mai auf die Höhen der Alb zurück.

Große Schaffeste wie der Markgröninger Schäferlauf oder der Uracher Schäferlauf zeigen, wie viel Bedeutung und Tradition die Schafzucht in der Schwäbischen Alb auch heute noch hat.

Frühlingsenzian

Wacholderdrossel

Küchenschelle

Merinos auf der Schwäbischen Alb

• **Das Merinoschaf**
Das Merinoschaf ist die häufigste Schafrasse nicht nur in Württemberg, sondern in Deutschland. Herzog Ulrich von Württemberg verbot in seiner Schafordnung von 1536[3] die Haltung des anfälligen und unwirtschaftlichen Zaupelschafes. Der feinen Merinowolle wegen interessierte er sich für Merinoschafe aus Spanien.

Die importierten Schafe aus Spanien (Ovejas merinos) zeichneten sich einerseits durch ihre feine Wolle, andererseits durch ihre gute Marschfähigkeit aus. In der Haltung der spanischen Wanderherden und der Schafhaltung auf der Schwäbischen Alb gab es dabei durchaus Parallelen. Mit dem Import der Merinos wurde der Grundstein für die Züchtung des Württembergischen Schafes gelegt.

Schwäbische Lammkoteletts

Zutaten (für 4 Personen):
8 doppelte Lammkoteletts
125 ml Öl, 2 TL Balsamicoessig
1 EL fein gehackte frische Kräuter:
Basilikum, Rosmarin, Salbei, Thymian
1 gepresste Knoblauchzehe
Salz, Pfeffer, 250 ml Brühe
Johannisbeergelee oder Brombeergelee

Zubereitung:
Aus Balsamicoessig, Olivenöl und den fein gehackten Kräutern eine Marinade herstellen und die Lammkoteletts einlegen und 2 Stunden marinieren lassen. In einer Pfanne die Koteletts von beiden Seiten 2 Minuten anbraten, mit der Marinade ablöschen und mit geschlossenem Deckel etwa 30 Minuten garen. Mit Salz und Pfeffer abschmecken, auf die Koteletts jeweils einen Teelöffel Gelee geben.

Beilagen: Spätzle oder Kartoffelpüree

Schafherde auf dem ehemaligen Truppenübungsplatz Münsingen

Leidenschaft

Viele Zeitgenossen können sich nur schwer vorstellen, dass der ganze Lebensrhythmus und die Freizeitgestaltung dem Beruf untergeordnet sind. Der Schäfer kennt kaum Urlaub und freie Tage; auch an Feiertagen muss er sich um die Herde kümmern. Die Schäferweste mit ihren 52 Knöpfen, für jede Woche ein Knopf, drückt dies symbolisch aus. Zum Schäfer muss man geboren sein. Das ist kein Job, bei dem man nach acht Stunden den Schreibtisch verlässt oder das Werkzeug fallen lässt. Die 52 Knöpfe stehen für die 52 Arbeitswochen des Jahres. Die Schafe müssen eben an jedem Tag des Jahres versorgt werden. Sie müssen genug Zeit zur Futteraufnahme bekommen. Wen wundert es da, dass kaum junge Leute den Beruf des Schäfers ergreifen, oder ihn nach kurzer Zeit wieder aufgeben.

Von einem schwäbischen Schäfer erfuhr ich, dass seine Familie das Mittagessen immer (ob an Werk- oder Feiertagen) um 10 Uhr morgens einnimmt, bevor es auf die Weide geht. Dann gibt es erst wieder die Vesper spät am Abend, wenn die Schafe ruhen.

Die »Zwölf Apostel«, Felsengruppe an der Altmühl bei Sollnhofen

Schafe am Ufer der Altmühl

Die Fränkische Alb mit dem Altmühltal zwischen Treuchtlingen und Kelheim zählt unbestritten zu den schönsten Landschaften Bayerns. Imposante Felsformationen, geheimnisvolle Steinbrüche und malerische Wacholderheiden geben dieser Landschaft ihr unverwechselbares Gesicht.

Alte Altmühlbrücke bei Pfünz

Burg Prunn bei Riedenburg

Willibaldsburg bei Eichstätt

WACHOLDERHEIDEN, FELSEN UND SCHLÖSSER

Das Altmühltal

Die Quelle der Altmühl ist nicht leicht zu finden. Sie befindet sich hinter einem Bauernhof in der Nähe von Hornau (bei Leutershausen) an der Frankenhöhe. Mitten in einer Wiese sprudelt klares Wasser aus der mit Steinen eingefassten Quelle. Das kleine Rinnsaal entwickelt sich dann auf rund 230 Kilometern zu einem der schönsten Flüsse Bayerns.

Wer das Altmühltal kennenlernen möchte, sollte dies am besten mit dem Fahrrad tun. An den gepflegten Radwegen entlang der Altmühl liegen Städte wie Treuchtlingen, Weißenburg, Eichstätt und Beilngries, bevor der Weg in Kelheim endet und die Altmühl in die Donau mündet. Der etwa 250 Kilometer lange Altmühlweg hat kaum Steigungen und führt durch eine äußerst abwechslungsreiche Landschaft an Felswänden, Schlössern und Burgen vorbei. Der Radfernweg im Altmühltal zählt zu den beliebtesten Radwegen Deutschlands. Der untere Teil des Altmühltals bei Kelheim ist ein beliebtes Revier für Sportkletterer.

Die Wacholderheiden

Die Hüteschäferei sorgt seit über 200 Jahren dafür, dass die herrlichen Wacholderheiden des Naturparks Altmühltal nicht zuwachsen. Ohne die Beweidung der Kalkmagerrasen würden die Felsen und Wacholderheiden in wenigen Jahrzehnten hinter Büschen und Bäumen verschwinden. Sel-

Urvogel Archaeopteryx

tene Pflanzenarten wie Küchenschelle, Enzian und Silberdistel würden ihren Lebensraum verlieren. Seltene Schmetterlinge wie Apollofalter, Trauermantel und Schwalbenschwanz sind auf den Wacholderheiden beheimatet. Uhu und Wanderfalken brüten in den steilen Felswänden. Der Eisvogel ist am Ufer des Flusses noch häufig zu beobachten.

Solnhofener Plattenkalk

Neben den Wacholderheiden sind viele Steinbrüche mit Solnhofener Plattenkalk eine Besonderheit im Altmühltal. In der Nähe von Solnhofen wurde der spektakuläre Fund des Urvogels Archaeopteryx gemacht. Viele Fossilien von Tier- und Pflanzenarten wurden im Solnhofener Plattenkalk gefunden.

Neben den trockenen Wacholderheiden auf den Hängen gibt es am Ufer der Altmühl auch Feuchtwiesen, die einer feuchtigkeitsliebenden Pflanzenwelt Lebensraum bieten. Dort brüten und rasten im Herbst eine Vielzahl von Vogelarten. Weite Teile des Altmühltals sind Naturschutzgebiete im Naturpark Altmühltal.

Die Schäferei im Altmühltal

Nachdem in den 1950er Jahren die Beweidung der Jurahänge mit Schafen stark zurückgegangen war, drohten immer mehr

Eisvogel

Gemeiner Bläuling

Teichrohrsänger

Kiefern und Buchen die Wacholderheiden zu überwuchern. Das Projekt »Altmühltaler Lamm« wurde 1997 zur Unterstützung der Schäfer und zum Schutz und Erhalt der Wacholderheiden gegründet. Ohne staatliche Zuschüsse gäbe es im Altmühltal wohl kaum noch Hüteschäfer. Eine Beweidung nach Plan soll die Wacholderheiden mit ihrer Artenvielfalt erhalten und gleichzeitig den Hüteschäfern eine wirtschaftliche Grundlage geben.

Das Projekt sorgt für den Erhalt der Wacholderheiden und liefert zusätzlich den Gastronomen und Verbrauchern höchste Lammfleischqualität. So tragen Schäfer, Gastronomen, Metzger und Verbraucher gemeinsam etwas zum Erhalt der Landschaft im Naturpark Altmühltal bei. An einem Wochenende im Mai lohnt sich ein Besuch des Altmühltaler Lamm-Auftriebs in Mörnsheim. Eine »bunte Herde« zieht über die Altmühlbrücke und durch das enge Stadttor von Mörnsheim auf die Wacholderheide über dem Ort. Im Herbst findet in Böhmig (bei Kipfenberg) der Altmühltaler Lamm-Abtrieb mit Handwerkermarkt statt.

Schafrassen im Altmühltal

Auch im Altmühltal ist das Merinolandschaf die häufigste Rasse. Die robuste Rasse mit ihrem ausgeprägten Herdentrieb und bester Marschfähigkeit ist eine ideale Rasse für die Hütehaltung auf den zerstreut liegenden Wacholderheiden.
Daneben sind im Altmühltal eine ganze Reihe anderer Rassen beheimatet: Coburger Füchse, Rhönschafe und Weiße Bergschafe. Auch Brillenschafe und Dorperschafe sind vereinzelt zu finden.

Brillenschaf

Das Brillenschaf
Das Brillenschaf ging aus der Kreuzung von italienischen Paduaner- und Bergamaskerschafen mit den Kärntner Steinschafen hervor und war früher im gesamten Alpen- und Voralpenraum beheimatet. Durch die Umstellung der Schafzucht auf wirtschaftlichere Rassen wurde das Brillenschaf Ende der 1930er Jahre fast ausgerottet. Die alte Bergschafrasse gehört heute zu den stark gefährdeten Schafrassen.
Es ist ein kräftiges, mittelgroßes, weißes Schaf mit stark geramstem, unbewolltem Kopf und langen, hängenden Ohren. Das besondere Kennzeichen sind die schwarzen Flecken um die Augen (Brillen) und teilweise auch an den Ohren. Das robuste und anspruchslose Schaf ist an Höhenlagen und extreme Niederschläge angepasst.

Das Dorperschaf

Das Dorperschaf entstand in Südafrika aus der Kreuzung der englischen Rasse Dorset Horn mit der afrikanischen Rasse Blackhead Persian (Somaliaschaf). Die Eigenschaften der englischen Fleischschafe wurden mit den afrikanischen Steppenschafen erfolgreich vereinigt.

Die weißen Dorper haben einen schwarzen Kopf und Hals. Die Rasse gehört zu den Haarschafen, die im Sommer ihre Wolle verlieren und darum nicht geschoren werden müssen.

Die anpassungfähige Rasse ist im Bezug auf Futter nicht wählerisch. Sie fressen weniger selektiv, sondern geben sich auch mit den kargen Wacholderheiden des Altmühltals zufrieden. Auch sommerliche Hitze können die Dorper bestens ertragen.

Dorperlamm

Lamm-Gyros

Zutaten (für 4 Personen):
800 g Lammfleisch aus Keule oder Nacken
2 – 3 Knoblauchzehen
125 ml Öl, 1 EL Thymian, 1 EL Oregano
1 Zwiebel, Salz und Pfeffer

Zubereitung:
Fleisch in Streifen schneiden. Knoblauch pressen und mit den Gewürzen, Kräutern und dem Öl gut vermischen. Das Fleisch in dieser Mischung etwa eine Stunde marinieren. Danach in etwas Öl in einer Pfanne etwa 10 Minuten knusprig braun braten. Mit frischen Zwiebelringen und Tzatziki-Soße im Fladenbrot servieren. Je nach Geschmack mit Salat, Tomate, Gurke und Schafskäse füllen.

Tzatziki-Soße:
½ Salatgurke, 200 g Naturjoghurt
1 EL Magerquark, 1 – 2 Knoblauchzehen,
1 EL Zironensaft, Salz und Kreuzkümmel
1 EL gehackter frischer Dill oder Minze
Gurke schälen und in dünne Scheiben hobeln. Joghurt und Quark mit Salz, Kreuzkümmel, Zitronensaft und Dill oder Minze mischen, gepresste Knoblauchzehen unterheben und die Gurkenscheiben hinzugeben.

Auch Hunde haben ihr Wesen

Bei einem Schäferfest in Süddeutschland wurde als Attraktion eine Herde mit circa 700 Schafen und Ziegen über eine Brücke und durch ein enges Stadttor getrieben. Auf beiden Seiten der Straße von zahllosen Zuschauern gesäumt, war dieses Schauspiel eine Extremsituation für die Schafe. Der Lärm und die vielen Menschen machten die Herde und den Hund nervös. Trotz gutem Zureden und Locken des Schäfers, wollten die Schafe einfach nicht durch das enge Stadttor ziehen. Mit Geduld und Geschick hatte es der Hirte dann doch geschafft, und die Herde schlängelte sich durch das enge Tor. Dem Hütehund hatte diese aufregende Situation mehr Probleme bereitet. Er packte bei den Schafen einmal kräftig zu. Wie mir der Schäfer später versicherte, ist der Altdeutsche Hütehund alles andere als ein »Beißer«. Dieses scharfe Verhalten zeigt er das ganze Jahr über nicht.

Es ist eben wie bei Menschen: Die einen haben kein Problem damit, vor tausend Leuten zu sprechen, andere sind aufgeregt und bringen kein Wort über die Lippen.

Es gibt auch bei den Hütehunden Hunde mit guten Nerven, und Hunde, die weniger psychische Belastung ertragen können. Auch Hunde haben ihr individuelles Wesen.

So kommt es vor, dass ein Hund in der intensiven Weideperiode des Sommers in wenigen Wochen vier Kilogramm Gewicht verliert, da er im Übereifer ständig die Furche auf und ab läuft. Sein Partner sucht sich derweil ein schattiges Plätzchen und muss zu seinen Aufgaben ermuntert werden. Es gibt bei Hunden emsige und phlegmatische Charaktere. Beim Menschen ist es nicht anders.

Die meisten Schäfer haben zu ihren Hunden eine enge Beziehung. Schließlich sind sie seine täglichen Gehilfen im Hütealltag. Beim Leistungshüten, einem Wettbewerb der Schäfer, kann man erleben, was ein guter Hütehund zu leisten vermag.

Schafe in der Fränkischen Schweiz

Blick vom Walberla Richtung Westen

Im Städtedreieck Nürnberg, Bamberg und Bayreuth liegt die Fränkische Schweiz. Eine Region mit romantischen Flusstälern, bizarren Felsen, geheimnisvollen Höhlen und mittelalterlichen Burgen. Idyllische Dörfer, Schlösser, Kirchen und Fachwerkhäuser säumen den Weg des Radlers und Wanderers.

Felsenhang bei Pottenstein

Foto oben: Tüchersfeld;
unten: Egloffsteiner Schloss

Das Walberla im Sommer

Malerische Stadtansicht von Pottenstein

Tausendjährige Burg Pottenstein

LANDSCHAFTLICHES KLEINOD NÖRDLICH VON NÜRNBERG

Die Fränkische Schweiz

Hier schuf das Jurameer eine unverwechselbare Landschaft, die seit dem 19. Jahrhundert mit dem romantischen Namen Fränkische Schweiz bezeichnet wird. Markante Felsen zieren die verträumten engen Täler. Ende April bis Anfang Mai blühen zahlreiche Obstbäume. Gräfenberg mit seiner Umgebung ist das größte europäische Süßkirschenanbaugebiet.

Land der Burgen, Höhlen und Mühlen

Die Fränkische Schweiz ist geprägt von Kalk- und Dolomitfelsen. Die typische Karstlandschaft wird charakterisiert von tief eingeschnittenen Flusstälern mit trockenen, kargen Hängen. So abwechslungsreich wie die Landschaft ist auch die Pflanzenwelt. Die Küchenschelle, die Pfingstnelke, der Türkenbund und der Frauenschuh sind nur einige der seltenen Arten, die auf dem karstigen Juraboden des Naturparks Fränkische Schweiz vorkommen. In den Steinbrüchen werden fossile Versteinerungen gefunden.
Auf 500 Kilometern gut markierten Wanderwegen kann das Land der Burgen, Höhlen und Mühlen erwandert werden. In der Fränkischen Schweiz gibt es etwa tausend Höhlen. Die Teufelshöhle, eine beeindruckende Tropfsteinhöhle bei Potenstein, kann besichtigt werden.
Weitere Höhepunkte für Urlauber sind der Marktflecken Egloffstein mit dem Schloss und Gößweinstein mit der barocken Wallfahrtskirche, erbaut von Balthasar Neumann. Sehenswert sind außerdem das von Felsen umgebene Pottenstein und das einmalige »Felsennest« Tüchersfeld.
Die Getreide- und Sägemühlen an der Trubach und der Wiesent erinnern an die gute alte Zeit.

Walberla – Berg der Franken

Der Ehrenbürg am Westrand der Fränkischen Schweiz – im Volksmund Walberla genannt – ist der »heilige Berg« der Franken. Der langgezogene Höhenzug ist 512 Meter hoch und weist eine ungewöhnlich vielfältige Fauna und Flora auf. Das Gebiet wurde deswegen unter Naturschutz gestellt. Die Kapelle auf der Hochfläche hat ihren Namen von der heiligen Walburga.

Schafzucht in der Fränkischen Schweiz

In den vergangenen Jahrhunderten wurde die Fränkische Schweiz intensiv genutzt. Holzstämme wurden für den Bau der Fachwerkhäuser und Scheunen gebraucht, das Astholz wurde verheizt. Auf den Hängen weideten Rinder; Schafe und Ziegen grasten die steilen Hänge ab. So blieben die Hänge frei von Bewuchs und die Felsen waren überall sichtbar.

In den 1960er Jahren änderte sich die Situation. Die Holznutzung verlor an Gewicht, die Haltung von Schafen und Ziegen auf den kargen Jurahängen wurde unrentabel. Die Hänge verbuschten zusehends oder wurden teilweise aufgeforstet. Das Landschaftsbild der Fränkischen Schweiz veränderte sich dadurch erheblich.

Diese Entwicklung beeinflusste aber nicht nur das Landschaftsbild, sie hatte auch schwerwiegende Folgen für die Fauna und Flora. Viele Pflanzen, deren Lebensraum an warmen und sonnigen Felsen und Hängen ist, wurden durch den Schatten spendenden Bewuchs nach und nach verdrängt.

Mit einmaligen Säuberungsaktionen der Hänge ist es nicht möglich, die besondere Artengemeinschaft wieder herzustellen. Die

Waldvögelein

Frauenschuh

Akelei

Beweidung mit Schafen und Ziegen ist für den Erhalt der Hänge und Wacholderheiden eine dauerhafte Lösung.
Diesem Ziel hat sich das Projekt »Juralamm« mit seinen sechs Schäfereien verschrieben. Langfristig können diese Biotope nur durch die systematische Hüteschäferei gepflegt und erhalten werden. Auch für den Tourismus in der Fränkischen Schweiz ist der Erhalt der charakteristischen Wacholderheiden ein wichtiger Faktor.
Die Erzeugergemeinschaft »Juralamm« hilft zudem den Schäfern: Durch gezielte Werbung lässt sich das Lammfleisch in der Region besser vermarkten. Die wirtschaftliche Situation der Schäfereien hat sich dadurch wesentlich verbessert.

Schafe der Fränkischen Schweiz

• Das Coburger Fuchsschaf

Das hornlose Fuchsschaf ist eine robuste Mittelgebirgsrasse, die nicht nur in Coburg und Oberfranken beheimatet ist, sondern auch in vielen anderen Mittelgebirgsregionen gehalten wird. Ob im Westerwald, Hunsrück oder in der Eifel, überall stößt man auf Fuchsschafe.

Neben der hohen Fleischqualität ist vor allem die rötlich gefärbte Wolle interessant. Es ist die Schafrasse mit dem »goldenen Vlies«. Die Wolle wird gerne zum Handspinnen, Weben und Filzen benutzt.

In den 1980er Jahren wäre die Rasse aufgrund geänderter Leistungsansprüche der intensiven Schafhaltung fast ausgestorben. Es ist dem Idealismus einiger Schafzüchter zu verdanken, dass es nicht dazu kam. Insbesondere der oberfränkische Züchter und Tuchmacher Otto Stritzel hat durch sein Engagement wesentlich zum Erhalt der Rasse beigetragen.

Lammbrust im blauen Sud

Rezept von Georg Distler, Egloffstein

Zutaten (für 4 – 6 Personen):
1 Lammbrust/Rippchen ca. 1,5 kg
Salz, Wacholderbeeren, Lorbeerblätter
Wurzelgemüse, Brantweinessig
6 – 8 große Zwiebeln

Zubereitung:
Lammbrust in etwa 8 x 8 cm große Stücke zerteilen. In einem Topf circa 1 Stunde kochen (Fleisch darf nicht zu weich werden). Dem Wasser etwas Salz, Wurzelgemüse, Wacholderblätter und Wacholderbeeren zugeben. Nach dem Kochen den Sud mit Branntweinessig, Salz und etwas Zucker abschmecken.
Danach die Zwiebeln in Ringe schneiden und oben auf den Sud geben und noch kurz aufkochen, bis die Zwiebelringe glasig und weich sind. Die Lammbruststücke mit den Zwiebelringen und etwas Sud in einem tiefen Teller servieren.
Beilagen: Salzkartoffeln mit Petersilie

Wie viele Schafe hat Ihre Herde?

Keine Frage wird den Schäfern häufiger von Spaziergängern und Passanten gestellt: Wie viele Schafe hat Ihre Herde? Der Anblick einer weidenden Herde scheint einfach die Neugierde zu wecken. Es ist wirklich nicht einfach, eine große Schafherde zu schätzen. Da die grasenden Schafe ständig in Bewegung sind, ist es mit dem genauen Zählen äußerst schwierig.

Ich fragte einen Schäfer mit einer Herde von mehr als 700 Schafen: »Kennen Sie wirklich jedes Ihrer Schafe?« Mit einem verschmitzten Lächeln gab er zur Antwort: »Ja, ich kenne jedes meiner Schafe! Eine Verwechslung kommt aber schon mal vor.« Dem Laien scheint dies unmöglich, sehen Schafe auf den ersten Blick doch sehr ähnlich aus. Wer genauer hinsieht, entdeckt jedoch, dass auch Schafe ganz unterschiedliche Gesichter und individuelle Merkmale haben.

Eine Volksweisheit ermuntert Menschen, die nicht einschlafen können, Schäfchen zu zählen. Dass dieser gutgemeinte Rat tatsächlich helfen kann, hat mehrere Gründe. Durch die Konzentration auf die Schafe werden Gedanken und Sorgen, die uns nicht zur Ruhe kommen lassen, aus dem Gedächtnis verdrängt und durch die eintönigen Schafe ersetzt.

Schafe sind friedliche und sanfte Geschöpfe. Diese Eigenschaften fördern eine Gelassenheit, die nötig ist, um einschlafen zu können.

Blick von der Abisrodaer Kuppe

Schafe auf den Hängen der Rhön

Das Mittelgebirge im Dreiländereck von Bayern, Hessen und Thüringen mit seinem rauen Klima wurde früher »das Land der armen Leute« bezeichnet. Landwirtschaftlich geringer Ertrag und der Mangel an Bodenschätzen haben der Rhön diesen Ruf eingebracht. Sie ist das Land der offenen Fernen und der basaltenen Höhen.

Am Roten Moor bei Gersfeld

Roter Fingerhut

Wegekreuz bei Gersfeld

Schachbrettfalter

Silberdistel

Blick von der Kalten Buche auf Ginolfs

Blick auf Sondernau

LAND DER KAHLEN HÖHEN UND OFFENEN FERNEN

Die Hohe Rhön

Rhön – der geheimnisvolle Name kommt vom keltischen »raino«, was Hügelland bedeutet. Eine treffende Bezeichnung für das Mittelgebirge mit seinen sanft gerundeten Bergkuppen, weiten Matten und geheimnisvollen Mooren.

Da die Hochlagen der Rhön größtenteils waldfrei sind, reicht der Blick bis zum Horizont. Diese Höhen waren im Laufe der Jahrhunderte abgeholzt und als Grünland genutzt worden. Nur durch die extensive landwirtschaftliche Nutzung ist es möglich, den Charakter der alten Kulturlandschaft zu erhalten. Mitten in der Hochrhön liegt der 7.000 Hektar große Truppenübungsplatz Wildflecken.

Bekannt für rauhes Klima

Die Rhön gilt als »Kühlschrank«: An bis zu hundert Tagen im Jahr liegt auf den Höhen eine geschlossene Schneedecke. Hoher Niederschlag, viel Wind, Nebel und Raureif belegen das raue Klima dieser Region. Die wirtschaftlich und klimatisch ungünstige Lage der Rhön ist andererseits gut für die Natur. Sie kann sich weitgehend ungestört entwickeln. Seit 1991 ist die Rhön ein UNESCO-Biosphärenreservat. Küchenschelle, Akelei, Trollblume und Fransenenzian kommen in der Rhön vor. Seltene Schmetterlinge wie Scheckenfalter, Trauermantel und Streifenbläuling haben dort ihren Lebensraum. Die wechselvolle Landschaft mit den großen Höhenunterschieden ist Heimat für etwa 110 verschiedene Vogelarten. Rar gewordene Arten wie Birkhuhn, Schwarzstorch und Uhu sind in der Rhön heimisch. Von den Greifvögeln ist der Rote Milan häufig anzutreffen.

Wasserkuppe und Kreuzberg

Gepflegte Wanderwege führen zu erlebnisreichen Zielen: Die Hochmoore Rotes und Schwarzes Moor, die Kaskadenschlucht, die Ruine Ebersburg oder der 928 Meter hohe Kreuzberg im bayerischen Teil der Rhön sind beliebte Ausflugsziele. Die Wasserkuppe ist mit 950 Metern die höchste Erhebung der Rhön. Sie ist ein bekannter Treffpunkt der Segelflieger. Das Deutsche Segelflugmuseum auf der Wasserkuppe dokumentiert die Vergangenheit und Faszination dieses Sports. Der Gipfel des 835 Meter hohen Berges Milseburg gilt als einer der schönsten Aussichtspunkte der gesamten Rhön. Die Barockstadt Fulda am Westrand der Rhön mit ihren zahlreichen Sehenswürdigkeiten wie zum Beispiel dem Schloss Fasanerie ist einen Besuch wert.

Uhu

Roter Milan

Die Schafzucht in der Rhön

Vor 100 Jahren war das Rhönschaf eine weitverbreitete Schafrasse in Hessen, Thüringen und sogar im Harz. Dann schrumpfte der Bestand dramatisch und die Rasse wäre fast ausgestorben. Durch die Intensivierung der Rinderhaltung, das Aufkommen des Kunstdüngers und des Ackerbaus, aber auch durch fallende Preise bei Wolle und Lammfleisch, ging die Schafhaltung in der Rhön stark zurück. Engagierte Schafhalter haben dazu beigetragen, dass das genügsame Rhönschaf sich wieder ausbreiten konnte. Heute wird es unter dem Label »Rhönschaf« regional vermarktet.

Die Rhönschafe werden hauptsächlich für die Landschaftspflege eingesetzt. Von Mai bis Dezember sind die Schafe auf der Weide. Eine Beweidung der Berghänge mit Schafen kann die Mahd der Hochflächen aber nicht ersetzen. Die streng geregelte späte Mahd erhält die große Artenvielfalt der Bergwiesen. Viele gesunde Kräuter wie Thymian, Wiesensalbei und Schafgarbe wachsen auf den Magerrasen. Andererseits gibt es steile Hänge, mit steinigen Böden, die nicht gemäht werden können und darum mit Schafen beweidet werden.

Stallfütterung

Bio-Laden

Die Heimat der Rhönschafe

• Das Rhönschaf

Es ist einigen Liebhabern zu verdanken, dass das Rhönschaf nicht ausgestorben ist. Heute weiden wieder mehrere tausend Rhönschafe auf den Höhen der Rhön; neue Schafställe wurden gebaut. Die genügsame Rasse kann die spärliche Vegetation der Borstgrasrasen und Magerrasen optimal verwerten. In den Herden werden meist ein paar Ziegen gehalten, die die Schafe ergänzen und Heckerose, Schwarzdorn und Weißdorn niedrig halten.

Als robustes Mittelgebirgsschaf kommt das weiße Schaf mit schwarzem Kopf, aber weißen Beinen gut mit der feucht kalten Witterung der Rhön zurecht. Die Schafe haben eine große Trittsicherheit in bergigem Gelände. Es ist die perfekte Alternative zu den aufwändigen Maßnahmen der maschinellen Landschaftspflege. Dass Naturschutz und Genuss keine Gegensätze sein müssen, bestätigt das Fleisch der Rhönschafe. Früher wurde das hochwertige Fleisch der Rhönschafe nicht nur am französischen Hof, sondern auch in Pariser und Londoner Gourmet-Restaurants geschätzt. Das ausgesprochen wohlschmeckende Fleisch hat auch heute viele Freunde gefunden. Der als unangenehm empfundene »Hammelgeruch« kommt beim Fleisch der Rhönschafe praktisch nicht vor. Das Fleisch hat einen leicht wildähnlichen Geschmack.

Rhöner Hirtenpfanne

Rezept von Zita Kolb, Ginolfs

Zutaten (für 4 Personen):
1 Kopf Wirsing
600 g gewürztes Lammhackfleisch
2 Zwiebeln, 2 Knoblauchzehen
1 EL ganzer Kümmel, 250 ml Brühe
Butterschmalz, Schmand
Salz, Pfeffer und Thymian zum Abschmecken

Zubereitung:
Das Lammhackfleisch in kleine Bällchen formen und in Butterschmalz anbraten. Zwiebeln und Knoblauch würfeln und hinzufügen. Den Wirsing in grobe Streifen schneiden, in die Pfanne geben und andünsten. Die Brühe und die restlichen Gewürze hinzugeben und ca. 20 Minuten köcheln lassen. Zum Schluss den Schmand unterziehen und mit Salz und Pfeffer abschmecken.

Beilagen:
Brot oder Bratkartoffeln

Schwacher Orientierungsinn

Als Fotograf bin ich ständig auf der Suche nach besonderen Motiven. Ohne das Entgegenkommen der Schäfer wäre manches Foto des Buchs nicht entstanden. Gespannt war ich, welche Motive mir der Zug einer Schafherde durch einen dichten Laubwald bescheren würde. Es war schon ein großartiges Bild, als die große Herde im Waldinneren verschwand. Auch im Unterholz suchten die Schafe ständig nach Gräsern und Blättern. Es entstanden interessante Fotos.

Als ich später den Weg zu meinem Auto zurück ging, bemerkte ich, dass der Schäfer im Waldinnern fünf Schafe verloren hatte. Sie standen blökend auf einer Lichtung, drehten die Köpfe und wussten nicht weiter.

Schafe haben nur einen schwach ausgeprägten Orientierungssinn. Hunde und Katzen sind ihnen in dieser Hinsicht weit überlegen. Nun stellte sich mir die Frage: Wie bringe ich die Schafe zur Herde zurück? Einfach vor sich hertreiben ist bei Schafen bekanntlich etwas schwierig. Zuerst schraubte ich meine Kamera vom Einbeinstativ, um das Stativ als Schippe zu benutzen. Dann lockte ich die Schafe, wie ich es von Schäfern oft gehört hatte. Und tatsächlich – die Schafe folgten mir bereitwillig!

Weil Schafe Herdentiere sind, waren sie wahrscheinlich heilfroh, dass jemand kam, der sie wieder zur Herde zurück brachte. Als ich bei der Herde ankam, war der Schäfer recht erstaunt, wo die Schafe herkamen, er hatte den Verlust der Tiere noch gar nicht bemerkt.

Der ausgeprägte Herdentrieb ist für die Schafhaltung von großem Vorteil. Schafe lassen sich deshalb gut überwachen und lenken. Es ist wesentlich aufwändiger und schwieriger 100 Rinder von Weide zu Weide zu treiben als 1.000 Schafe.

Heidschnucken in der Lüneburger Heide

Heidelandschaft ist keine Naturlandschaft, sondern eine vom Menschen geschaffene Kulturlandschaft. Mit etwa 8.000 Hektar Heidefläche ist die Lüneburger Heide das größte Heidegebiet Europas. Ursprünglich wurde die Lüneburger Heide von großen Buchenwäldern beherrscht.

Alte Bienenkörbe; oben rechts: Schäferdenkmal in Bispingen

Alter Schafstall in Wilsede (oben links) und bei Timmerloh (rechts)

Fotos oben v.l.n.r.: Großer Fuchs, Braunkehlchen, Blutrote Heidelibelle

BESENHEIDE – BLÜHENDER TRAUM IN LILA

Die Lüneburger Heide

Die Lüneburger Heide liegt im Städtedreieck Bremen, Hamburg und Hannover. Die Heide ist kein geschlossenes Gebiet, sondern gleicht einem Fleckenteppich mit vielen großen und kleinen Heideflächen. Die größte zusammenhängende Heidefläche mit etwa 230 Hektar ist der Naturschutzpark Lüneburger Heide um den Wilseder Berg zwischen Undeloh, Bispingen und Schneverdingen. Eine weitere große Heidefläche befindet sich im Naturpark Südheide im Raum Celle und Gifhorn.

Besenheide und Wacholder

Im Mittelalter wurden diese riesigen Wälder zwischen Celle im Süden und Lüneburg im Norden abgeholzt. Aber nicht nur die Abholzung führte zum Rückgang der Wälder, sondern auch die extensive Waldbeweidung und die Nutzung von Waldstreu. Das Vieh verhinderte in den Wäldern durch Tritt und Verbiss das Nachwachsen der jungen Bäume. Durch die Nutzung der Waldstreu wurden dem Boden zusätzlich Nährstoffe entzogen. Die anspruchslose Besenheide und Wacholdersträucher fanden auf den nährstoffarmen Sandböden ideale Bedingungen und breiteten sich aus. Heidekraut und Wacholder geben der Heide auch heute noch ihr unverwechselbares Gesicht.

Birkhuhn und Ziegenmelker

Neben vielen gewöhnlichen Tieren, die wir

in Wald und Feld antreffen, leben in der Heide acht Fledermausarten. Typische Vogelarten der Heide sind Birkhuhn, Ziegenmelker, Heidelerche, Schwarzkehlchen und Wiesenpieper. Um die Heide, und damit den Lebensraum vieler Tier- und Pflanzenarten zu erhalten, sind systematische Pflegemaßnahmen notwendig.

Viele Sehenswürdigkeiten

Die Heide lässt sich gut zu Fuß oder mit dem Fahrrad erkunden. Etwa 700 Kilometer Wanderwege stehen dem Urlauber zur Verfügung. Unterwegs stößt er auf zahlreiche Zeugnisse der Geschichte. Gräber aus der Bronzezeit, Findlingsmauern, alte Speicher, Grenzmarkierungen und reetgedeckte Bauernhäuser. Einen Besuch wert sind die drei Naturinformationshäuser, das Freilichtmuseum Wilsede sowie das Heidemuseum »Dat ole Huus«. Das Museumsdorf Hösseringen im Landkreis Uelzen vermittelt dem Besucher einen Eindruck, wie die Heidebauern in den vergangenen Jahrhunderten gelebt haben. Zu den besonders sehenswerten Teilen der Heide gehören der verkehrsfreie Ort Wilsede und der Totengrund.

Die Hansestadt Lüneburg mit etwa 73.000 Einwohnern gab der Heide ihren Namen. Viele alte Backsteingiebelhäuser und das schmucke Rathaus sind die Attraktion dieser früher reichen Hansestadt. Celle gilt als südliches Tor zur Lüneburger Heide. Es beeindruckt mit seinen über 400 sorgsam gepflegten Fachwerkhäusern. Auch das stattliche Schloss ist einen Besuch wert.

Die Schafzucht in der Heide

Heidschnucken und Bienen waren früher die wirtschaftlichen Grundlagen eines Heidebauernhofes. Nahezu jeder Hof hatte eine eigene Herde. Die Bauern benötigten den Dünger der Schafe, um auf den kargen Sandböden Ackerbau betreiben zu können. Darüber hinaus lieferten die Schnucken Wolle und Fleisch.

Kein anderes Schaf frisst Heidekraut; für die Schnucken ist es das Hauptfutter. Durch regelmäßigen Verbiss halten die Schnucken die Heide kurz. Da sie die jungen Triebe von Birken und Kiefern abfressen, verhindern sie das Zuwachsen der Heideflächen durch diese Baumarten.

Um 1800 gab es in der Lüneburger Heide circa 500.000 Schnucken. Danach gingen die Bestände drastisch zurück.

Die Schafwolle aus Übersee verdrängte die Schnuckenwolle. Heideflächen wurden in Ackerland umgewandelt. Rinder- und Schweinehaltung wurden ausgebaut. Die Wolle der Heidschnucken lässt sich nicht

vermarkten. Etwas besser verkaufen lassen sich die gegerbten Felle. Das wichtigste Produkt aber ist das magere Fleisch der Tiere. War Heidschnuckenfleisch früher das »Armeleuteessen«, so gilt das fettarme wildähnlich schmeckende Fleisch heute als Delikatesse.
Früher wurden die Heidschnucken zweimal am Tag gehütet. Da die Schnucken gegen starke Sonneneinstrahlung empfindlich sind, wurden sie in der heißen Mittagszeit in einen Außenschafstall getrieben. Die zahlreichen alten Heideställe in der Lüneburger Heide sind ein typischer Bestandteil der Heidelandschaft geworden.
Heute werden die Heidschnucken aus wirtschaftlichen Gründen von vormittags bis nachmittags etwa acht bis zehn Stunden gehütet. Einerseits geht es um die ausreichende Ernährung der Tiere, andererseits um den Effekt, die Heide kurz zu halten. Denn ohne Heidschnucken gäbe es keine Heide.

Schnucken – die Schafe der Heide

• Die Graue Gehörnte Heidschnucke
Die Schnucken gehören zu den ältesten Schafrassen in Mitteleuropa. Es sind ausgesprochen genügsame Tiere, die auf kargen Böden und Heideflächen mit geringem Nahrungsangebot zurechtkommen.

Die Graue Gehörnte Heidschnucke stammt wahrscheinlich vom Mufflon ab und war ursprünglich von Nordeuropa bis Sibirien verbreitet. Heute gilt die Lüneburger Heide als Hauptzuchtgebiet dieser Rasse. Die genügsamen Schnucken haben sich den besonderen Verhältnissen der Heide und ihrer Vegetation sehr gut angepasst. Ursprünglich haben sie sich überwiegend von Heidekraut und Birkenschösslingen ernährt. Die Heidschnucke kann aber auch auf mageren Grünlandflächen gehalten werden. Schnucken eignen sich für die Hüte- und Koppelhaltung. Die Lämmer werden schwarz geboren und bekommen erst im zweiten Lebensjahr die Fellfarbe ihrer Eltern.

• Die Weiße Hornlose Schnucke (Moorschnucke)

Die Weiße Hornlose Heidschnucke ist aus der Grauen Heidschnucke entstanden. Diese Rasse wurde mit Vorliebe in moorreichen Gegenden gehalten. Ob sie sich schon immer durch ihre Trittsicherheit im Moor ausgezeichnet haben oder ob sich diese Eigenschaft erst entwickelt hat, ist nicht sicher zu belegen. Daher kommt auch der heute oft gebräuchliche Name »Moorschnucke«. Diese Spezialisierung auf Feuchtgebiete sichert ihr bis heute ihre Existenz. Trotzdem gehört sie zu den stark gefährdeten Schafrassen.

Ihr sagt man nach, dass sie etwas anspruchsvoller an das Futterangebot sei als die Graue Gehörnte Heidschnucke. Sie wird heute, wie die Graue Heidschnucke, hauptsächlich in der Landschaftspflege eingesetzt.

Braune Gehörnte Heidschnucke

Weiße Hornlose Heidschnucke

Heidschnuckenbraten

Rezept von Monika Funck, Schneverdingen

Zutaten (für 4 Personen):
1 Heidschnuckenkeule
Salz, Pfeffer, Rosmarin, Thymian, Öl,
4 Knoblauchzehen
6 – 8 gestoßene Wacholderbeeren,
2 Lorbeerblätter, Mehl oder Speisestärke
1 EL Senf, gekörnte Brühe, 1 Zwiebel
125 ml Rotwein und 100 ml Sahne

Zubereitung:
Keule kalt waschen, enthäuten und trockentupfen. Die Keule in einer Marinade aus Öl, gehacktem Knoblauch, Salz, Pfeffer, Rosmarin, Thymian, gestoßenen Wacholderbeeren, Lorbeerblättern und Senf einlegen und zwei Nächte im Kühlschrank marinieren. Keule von allen Seiten in Fett anbraten, eine gehackte Zwiebel hinzugeben. Danach die Keule in eine feuerfeste Form legen und im vorgeheizten Backofen bei 170°C etwa 2 bis 3 Stunden schmoren. Zwischendurch die Keule immer wieder mit etwas Wasser begießen und wenden.
Wenn die Keule schön knusprig ist, den Knochen herauslösen, das Fleisch in Scheiben schneiden und im Backofen warm halten.
Den Sud durch ein Sieb in einen Topf passieren und köcheln lassen. Einen gehäuften Esslöffel Mehl oder Speisestärke mit kaltem Wasser anrühren und mit einem Schneebesen den heißen Sud binden. Mit Rotwein ablöschen und Sahne hinzugeben. Mit Salz, Pfeffer und gekörnter Brühe abschmecken. Den Heidschnuckenbraten auf einer Platte anrichten und mit Preiselbeeren gefüllten Birnenhälften dekorieren.

Beilagen:
Rotkohl und Salzkartoffeln, Butterbohnen und in Butter gebratene Steinpilze oder Pfifferlinge

Einsamkeit, Wissen & Erfahrung

Hüteschäfer verbringen auch heute noch viel Zeit draußen in der Natur. Das Blöken der Schafe, das Rauschen des Windes und der Gesang der Vögel sind tagsüber oft die einzigen Geräusche, die sie hören. Des Schäfers Welt sind die Weide, Feld und Flur, der Sternenhimmel und vor allem seine Herde und seine Hunde. Leben draußen in der Natur – und das bei jedem Wetter: »Man muss die Einsamkeit mögen, oder gar genießen können«, sagt der alte Schäfer, der einen großen Teil seiner Lebenszeit bei den Schafen verbracht hat. Das, was in der Welt passierte, hatte er meist nur zeitversetzt erfahren. In der Freiheit und Einsamkeit liegt der Reiz, aber auch die Last für den Beruf des Schäfers.

Wer sich einmal länger mit einem Schäfer unterhält, wird feststellen, dass der Beruf des Schäfers eine Berufung ist, die ein großes Maß an Wissen erfordert. Der Schäfer erwirbt sich sein Wissen weniger aus Büchern. Er sammelt es vielmehr durch Erfahrung und die Beobachtung der Natur. Er ist für mehrere hundert Leben verantwortlich und dabei meist auf sich selbst gestellt. Er muss sich in der Tierheilkunde auskennen und in der Fauna und Flora Bescheid wissen. Obwohl Schafe in der Regel ihre Lämmer ohne Hilfe auf die Welt bringen, ist der Schäfer auch als Geburtshelfer gefordert. Er braucht für seine Arbeit handwerkliches Geschick aber auch ökonomisches Verständnis bei der Vermarktung der Schafe.

Flügger Leuchtturm aus der Vogelperspektive

Deichschafe am Ufer der Ostsee

Die 185 Quadratkilometer große Ostseeinsel Fehmarn ist die drittgrößte Insel Deutschlands. Neben der einzigartigen, vielfältigen Natur hat Fehmarn viel Sonne zu bieten, denn Fehmarn gehört zu den sonnenreichsten Regionen Deutschlands.

Fotos rechte Seite v.l.n.r.: Flussregenpfeifer
Austernfischer, Zwergtaucher

Windmühle in Lemkenhafen
unten: Fischerhafen Burgstaaken

DIE OSTSEEINSEL IST DAS TOR ZUM NORDEN

Die Insel Fehmarn

Mit dem Festland ist Fehmarn durch eine riesige Brücke verbunden, die über den Fehmarnsund führt. Der kürzeste Weg nach Skandinavien führt somit über Fehmarn. Von Fehmarn ist es nicht weit zum benachbarten Dänemark. Der Fährhafen Puttgarden ist das »Tor zum Norden«. Im 30-Minuten-Takt fahren große Fährschiffe nach Rødbyhavn auf der dänischen Insel Lolland.

Fehmarn ist das Tor zum Norden
Diese kurze Verbindung zwischen Mitteleuropa und Skandinavien wird auch »Vogelfluglinie« genannt. Fehmarn hat durch seine Lage in der Ostsee eine besondere Bedeutung für den Vogelzug. Im Herbst und im Frühjahr nutzen riesige Vogelschwärme die Insel als Rastplatz. Die drei Naturschutzgebiete der Insel bieten den Vögeln Ruhe und Nahrung vor dem Weiterzug: Grüner Brink im Norden der Insel, Krummsteert/Sulsdorfer Wiek und das Wasservogelreservat Wallnau im Südwesten der Insel. Hier leben und brüten Graugänse, Säbelschnäbler, Austernfischer, Ufer-

Hafen von Lemkenhafen

Fähre in Puttgarden

schnepfen und viele andere Wasservögel. Ein Kanalsystem im Wasservogelreservat Wallnau ermöglicht die Regelung der Wasserstände in Wiesen, Gräben und Teichen und schafft damit optimale Brutbedingungen für über 80 Wasservogelarten. Das Wasservogelreservat kann ganzjährig besucht werden und bietet neben einem Infozentrum auch Beobachtungshütten.

Insel der Leuchttürme

Fehmarn hat eine intakte Windmühle, fünf evangelische Kirchen und fünf Leuchttürme. Von den Leuchttürmen Fehmarns kann nur der Flügger Leuchtturm besichtigt werden. Wer die 162 Stufen des Leuchtturms bewältigt hat, wird mit einem phantastischen Rundblick über die Insel belohnt. Besonders im Mai, wenn die Rapsfelder blühen, ist der Blick über das flache Land eine Augenweide. Etwa 30 Prozent der Anbaufläche auf der Insel wird mit Raps bestellt. Auf dem fruchtbaren Ackerboden wird aber auch Getreide angebaut.

»Jachen Flünk« heißt die einzige betriebsfähige Windmühle auf Fehmarn. Die Mühle in Lemkenhafen ist heute als Landwirtschaftmuseum eingerichtet.

Burg ist mit circa 6.000 Einwohnern der größte Ort der Insel. Zahlreiche Geschäfte, teilweise in schönen Backsteinhäusern, säumen die Altstadt. Der Hafen Burgstaaken ist Anlegestelle für Kutter und Yachten. Der Direktverkauf von frischem Fisch auf den Kuttern ist nicht nur für Touristen eine Attraktion.

Die Schafzucht auf Fehmarn

Deichschäfer sind Schäfer ohne Hut und Schippe. Während Wanderschäfer mit ihrer Herde und den Hunden von Weide zu Weide ziehen, sind Deichschäfer in den meisten Fällen Koppelschäfer, die ein sesshaftes Bauernleben führen.

Die Schafe an der Nord- und Ostseeküste beweiden die Deiche, die entlang der Küste das Land vor Überflutung schützen. Schafe haben den sogenannten »goldenen Tritt«. Das bedeutet, dass sie die Grasflächen auf dem Deich nicht zerstören, da sie nicht so schwer sind wie Kühe und Pferde. Sie treten den Boden fest und halten gleichzeitig Wühlmäuse fern. Sie sorgen somit dafür, dass die »grüne Hülle« der Deiche stabil bleibt.

Nicht jede Schafrasse ist für das maritime Klima der Küste geeignet. Das holländische Texelschaf bringt dagegen beste Eigenschaften mit. Auf den Deichen brauchen die Schafe keine großen Strecken zurücklegen. Die Merkmale der Texel, ein schwach ausgeprägter Herdentrieb und die geringe

Marschfähigkeit, sind für die Deichschäferei nicht von Bedeutung. Deichschafe sind einen Großteil des Jahres draußen. Sie grasen auf dem Deich oder in der Geest. Mitte April verlassen die Schafe den Stall und kommen auf den Deich. Die Ablammzeit liegt meist in den Monaten Februar bis April. Es ist eine harte Zeit für die Schäfer. Da die Lämmer häufig nachts zur Welt kommen, muss der Schäfer rund um die Uhr präsent sein. Es sind anstrengende Wochen mit wenig Schlaf. Um die Mutter-Kind-Beziehung zu stärken, werden die Lämmer und ihre Mutter für einige Tage in eine Familienbox gesperrt. Dadurch wird die Beziehung gestärkt, damit sich Lamm und Mutter auch in der Herde nicht verlieren. Die Wintermonate verbringen die Deichschafe im Stall.

Texelmutterschaf

Texellämmer

Schafe der Küstenregion

• Das Texelschaf

Auf der niederländischen Insel Texel entstand durch Einkreuzung englischer Fleischschafrassen und anschließender Selektion dieser Paarungen das Texelschaf. Von der Insel Texel hat es sich dann über das niederländische Festland nach Deutschland verbreitet. Seit Beginn der 1960er Jahre wurden Texel nach Deutschland importiert und vor allem in Nordrhein-Westfalen, Bayern, Niedersachsen und Schleswig-Holstein eingekreuzt beziehungsweise weiter gezüchtet.

Das Texel ist ein mittelgroßes bis großes Fleischschaf mit weißgrauem, kurzem, unbewolltem Kopf und kräftigen, abstehenden Ohren. Auffällig ist der kurze, stark muskulöse Hals der Rasse.

Texel sind widerstandsfähige Schafe und besonders für die Koppelhaltung in niederen Lagen geeignet. Während in Großbritannien und Frankreich Texel bis zu 40 Prozent des Schafbestandes stellen, ist es in Deutschland weit weniger verbreitet.

• Das Rauhwollige Pommernschaf

Das Rauhwollige Pommersche Landschaf ist ein mittelgroßes Schaf, das aus den Küstengebieten der Ostsee stammt und früher weit verbreitet war.

Das Schaf hat einen hornlosen, mit schwarzen Stichelhaaren besetzten, mittellangen Kopf. Die schwarzen Beine sind unbewollt. Das Vlies aus langer Mischwolle variiert von stahlblau bis grau. Die Böcke haben eine Mähne aus schwarzem Langhaar. Die Lämmer werden mit einem schwarzen, leicht gekräuselten Vlies geboren.
Es gehört zu den ausgeprägten Fähigkeiten des genügsamen Rauhwolligen Landschafes, mit kargem Futterangebot und ungünstigen Bedingungen zurecht zu kommen. Die Rasse gehört zu den vom Aussterben bedrohten Rassen.

Rauhwolliger Pommernschafbock

Ragout vom Deichlamm

Rezept von Angela Ehler, Schlagsdorf

Zutaten (für 4 Personen):
750 g Lammfleisch
Rapsöl, 250 ml Weißwein
480 g Tomaten (aus der Dose)
1 Zwiebel, 1 Knoblauchzehe
Lammgewürz, Meersalz
2 EL Stärkemehl, 125 ml Sahne

Zubereitung:
Das Lammfleisch würfeln und in heißem Rapsöl anbraten. Weißwein und Tomaten zugeben. Zwiebel und Knoblauchzehe schälen, würfeln und fein hacken. Beides mit Lammgewürz und Meersalz zum Fleisch geben und ca. 40 Minuten garen. Mit Stärkemehl binden und zum Schluss die geschlagene Sahne unterrühren.

Beilagen:
Salzkartoffeln oder Nudeln

Highlight der Weltliteratur

Die schönsten Worte, die je über einen Hirten und seine Schafe formuliert wurden, stammen aus der Feder des alttestamentlichen Schafhirten David. Die Worte des 23. Psalms spiegeln ein enges vertrauensvolles Verhältnis zwischen dem Hirten und seinen Schafen wider. Dabei ist der Hirtenbegriff ein Bild für Gott. Der Psalm gehört zu den beliebtesten und bekanntesten Worten der Weltliteratur:

Der Herr ist mein Hirte,
mir wird nichts mangeln.
Er weidet mich auf einer grünen Weide
und führt mich zum frischen Wasser.
Er erquickt meine Seele.
Er führt mich auf rechter Straße
um seines Namens willen.
Und ob ich schon wanderte
im finstern Tal,
fürchte ich kein Unglück;
denn du bist bei mir,
dein Stecken und Stab trösten mich.
Du bereitest vor mir einen Tisch
im Angesicht meiner Feinde.
Du salbst mein Haupt mit Öl
und schenkst mir voll ein.
Gutes und Barmherzigkeit werden
mir folgen mein Leben lang,
und ich werde bleiben im Hause
des Herrn immerdar.

Leuchttürme – Symbole für Orientierung

Leuchttürme auf Fehmarn: oben links: Staberhuk, oben rechts: Westermarkelsdorf, unten: Flügge

MAERSK LINE

FRIEDRICH HAUBNER

Der bekannte Naturfotograf und Theologe ist Grafikdesigner und Produktionsleiter bei der Stiftung Marburger Medien.
Friedrich Haubner gehört zu den wenigen Berufsfotografen, die sich über längere Zeit intensiv mit Schafen in Deutschland befasst haben. Als Naturfotograf findet er seine Motive bevorzugt in der heimischen Fauna und Flora. Seine Fotos und Texte werden auf Karten, Kalendern und in Bildbänden veröffentlicht:
www.naturfoto-haubner.de
www.marburger-medien.de

IMPRESSUM

Lüchower Straße 13a, 29459 Clenze
Telefon 0 58 44/971 16-10, Fax 0 58 44/971 16-39
mail@limosa.de, www.limosa.de

Bildbearbeitung: Achim Weiß, Siegbach
Korrektorat: Doreen Rinke
Gedruckt in der Euopäischen Union
ISBN 978-3-86037-526-6, 1. Auflage

Bibliografische Information der Deutschen Nationalbibliothek: Die Deutsche Nationalbibliothek verzeichnet diese Publikation in der Deutschen Nationalbibliografie; detaillierte bibliografische Daten sind im Internet über http://dnb.d-nb.de abrufbar.

HERZLICHEN DANK

... an die Schäfer, die durch ihre Bereitschaft und Kooperation viele Motive erst ermöglicht haben und sich mit Hund und Herde gerne fotografieren ließen.
Mein besonderer Dank gilt den Schäfern:
Gerhard Stotz (Schwäbische Alb), Detlev Müller (Altmühltal), Georg Distler (Fränkische Schweiz), Josef Kolb (Rhön), Jürgen Funck (Lüneburger Heide) und Peter Ehler (Fehmarn).
Ein herzliches Dankeschön an meine Frau Christine und meine Tochter Ruth für die Unterstützung bei der Bearbeitung der Texte.

LITERATUR- UND QUELLENANGABEN

[1] S. 9 Ludwig Ganghofer (1855 – 1920), Roman »Die Martinsklause«, Stuttgart 1897.
[2] S. 16 Dr. Hubert Zierl, »Nationalpark Berchtesgaden« Nr. 28/2010, S. 17.
[3] S. 30 Norbert von Mohl »Beiträge zur Geschichte des Schäfereiwesens in Württemberg«, Tübingen 1838.

HINWEIS

Alle in diesem Buch enthaltenen Angaben, Fakten usw. wurden vom Verfasser nach bestem Wissen und größter Sorgfalt zusammengestellt sowie vom Verlag mit größtmöglicher Sorgfalt überprüft. Dennoch sind Fehler nicht völlig auszuschließen. Daher erfolgen alle Angaben usw. ohne jegliche Garantie des Verlages und des Autors. Wir übernehmen deshalb keinerlei Verantwortung und Haftung für etwa vorhandene inhaltliche Unrichtigkeiten.